SOCIÉTÉ VÉTÉRINAIRE DE L'AUBE

HYGIÈNE PUBLIQUE

NÉCESSITÉ

DE

L'INSPECTION SANITAIRE DES VIANDES DANS LES CAMPAGNES

Étude des moyens les plus propres à assurer
le fonctionnement de ce service

par Ch. Morot

TROYES
IMPRIMERIE MARTELET
Rue Thiers, 101 et 103

1895

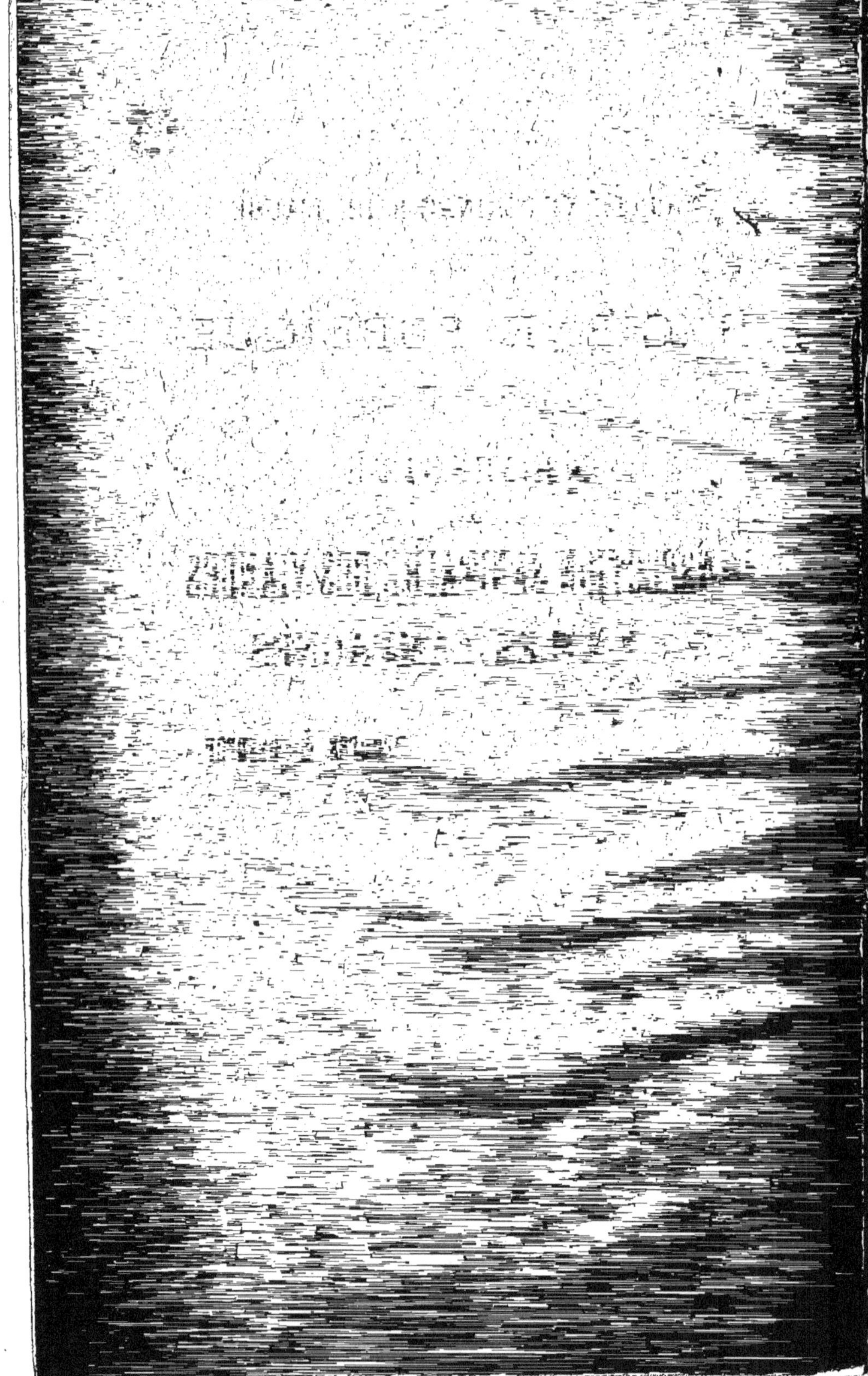

SOCIÉTÉ VÉTÉRINAIRE DE L'AUBE

HYGIÈNE PUBLIQUE

NÉCESSITÉ

DE

L'INSPECTION SANITAIRE DES VIANDES

DANS LES CAMPAGNES

Étude des moyens les plus propres à assurer

le fonctionnement de ce service

par M. Ch. Morot

TROYES

IMPRIMERIE MARTELET

Rue Thiers, 101 et 103

1895

SOCIÉTÉ VÉTÉRINAIRE DE L'AUBE

Extrait des procès-verbaux
des séances de février 1893, août 1894, février et avril 1895.

Le 9 février 1893, la Société Vétérinaire de l'Aube ouvrait pour le 31 janvier 1894 un Concours sur le sujet suivant :

« *Nécessité de l'inspection des viandes dans les campagnes. Son monde de fonctionnement le plus sûr et le plus pratique. Ses avantages hygiéniques et économiques. Examen de la question au point de vue de l'Etat, du Département et de la Commune (contrôle, gestion et côté financier), ainsi qu'au point de vue du consommateur, de l'agriculteur, du vétérinaire, du marchand de bestiaux, du boucher, du charcutier et de l'équarrisseur.* »

Aucun mémoire ne fut envoyé pour le 31 janvier 1894.

A la séance d'août 1894, la Société prit la résolution de publier un travail sur l'*inspection des viandes dans les campagnes* rédigé par M. ***, membre de la Société. A la séance de février 1895, elle décida que ce travail serait communiqué aux membres du Parlement, aux Conseils généraux, aux Comités départementaux d'hygiène, aux Comices agricoles départementaux, à la Presse, aux Associations vétérinaires, etc. Le 6 avril 1895, elle approuva le mémoire de M. ***.

Le Président de la Société Vétérinaire de l'Aube,

Th. HUOT.

Le 10 Avril 1895.

HYGIÈNE PUBLIQUE

Nécessité de l'inspection sanitaire des viandes dans les campagnes. Etude des moyens les plus propres à assurer le fonctionnement de ce service.

> « Il est essentiel de la part du magistrat chargé de la police des subsistances, de veiller à ce que les aliments d'un usage journalier, que l'on offre à la multitude sous l'appât du bon marché, *soient toujours aussi sains qu'il est possible* ; à ce que la cupidité des nourrisseurs et des bouchers ne fasse conduire aux boucheries *aucune bête morte de maladie*, comme il n'arrive que trop souvent. »
>
> Dr GILBERT (1).

I

Au commencement de 1895, après avoir entendu M. A. Brunet, rapporteur, le Sénat a voté en première lecture, avec quelques modifications, la proposition de loi Leconte, relative aux abattoirs, adoptée depuis 1894 par la Chambre des

(1) *Encyclopédie Méthodique. Médecine*, t. VIII, Paris, 1808, p. 381. (*Maladies épizootiques*).

— 4 —

Députés, sur le rapport de M. Chavoix (1). L'acceptation
définitive de cette réglementation générale permettra aux
communes, par l'imposition d'une taxe de visite sur les animaux sacrifiés dans les abattoirs publics ou particuliers et
sur ceux introduits abattus d'une localité dans une autre, de
pourvoir aux frais d'un contrôle sanitaire des viandes expo-
sées en vente par les bouchers et les charcutiers. Si elle est
partout exécutée, et surtout exécutée comme il convient, la
nouvelle loi rendra d'inappréciables services à l'hygiène publique et sera certainement la préface de l'organisation générale d'une inspection rationnelle des viandes. Il est même
surprenant qu'au lieu de se laisser devancer par l'initiative
parlementaire, le gouvernement n'ait pas depuis longtemps
provoqué le vote d'une pareille loi et complété une œuvre
d'assainissement aussi bienfaisante par l'élaboration d'un
règlement d'administration publique. Il n'aurait fait que
réaliser des vœux déjà anciens et bien souvent émis.

Ainsi, dès 1847, le *Répertoire de Jurisprudence* de Dalloz
insistait sur la nécessité d'une législation fixant les conditions
de l'exercice des professions relatives aux comestibles et
réclamait pour le commerce des viandes un règlement général d'administration publique. La même année, Bizet, conser-
vateur des abattoirs de Paris, demandait qu'une loi spéciale
vînt régir la surveillance de la boucherie ainsi que de la
charcuterie et indiquer des peines exclusivement correctionnelles pour les délits contre la salubrité publique en
matière alimentaire.

Après une accalmie de près d'un demi-siècle, les vœux
précédents furent successivement renouvelés en totalité ou
en partie, en 1891 et 1892 par les Sociétés vétérinaires des
Ardennes et de l'Aube, en 1892, 1893 et 1894 par la plupart des
Sociétés vétérinaires et leur Grand-Conseil, en 1892 par la
Société française d'Hygiène, en 1893 par le Congrès de la
Tuberculose. Toutefois, dans l'intervalle, l'inspection des
viandes avait été l'objet de motions importantes aux deux
Congrès d'Hygiène de Paris de 1878 et 1889, aux trois Congrès

(1) Malheureusement, lors de la deuxième délibération, la proposition de loi a subi au Sénat des modifications si considérables que
l'ancien état de choses, auquel voulait remédier M. le député Lecomte,
serait préférable au nouveau — abstraction faite de la taxe d'inspection — si les changements de texte devenaient définitifs. Je consacre
à l'examen de ce point important l'appendice terminant le présent
mémoire.

Vétérinaires de Paris de 1878, 1883 et 1889, aux deux Congrès
de la Tuberculose de 1888 et 1891, à diverses sessions du Grand-
Conseil des Vétérinaires de France de 1879 à 1891, à différents
Congrès économiques ou politiques, et dans plusieurs Conseils
d'Hygiène, sans compter les propositions individuelles insé-
rées dans la presse médicale ou vétérinaire. En janvier 1894,
la Société des Agriculteurs de France demandait que chaque
département fût divisé en circonscriptions, pourvues chacune
d'un vétérinaire sanitaire rétribué sur les fonds départementaux, que ce vétérinaire fût chargé du service des épizooties,
de l'inspection des foires et marchés, de la surveillance des
abattoirs publics et des tueries particulières, du contrôle des
clos d'équarrissage (1), sous la direction d'un vétérinaire
départemental en chef rétribué par l'État et dépendant d'un
bureau vétérinaire créé au Ministère de l'Agriculture. Des
corps politiques électifs se sont également occupés de ce
sujet important : En 1891, le Conseil général des Ardennes
s'associait à un vœu du Conseil d'arrondissement de Vouziers
réclamant l'organisation d'une inspection vétérinaire des
viandes dans toute la France. En 1893 et 1894, le Conseil
général de l'Aube demandait, avec les Conseils d'arrondissement de Troyes (1893), Bar-sur-Aube et Arcis-sur-Aube (1893-
1894), les Chambres consultatives d'agriculture d'arrondissement d'Arcis-sur-Aube et Bar-sur-Aube (1893-1894), de Nogent-
sur-Seine 1894, que les abattoirs publics et particuliers
fussent régulièrement soumis à une inspection vétérinaire
pour empêcher la consommation des viandes malsaines. La
généralisation de l'inspection sanitaire des viandes à la ville
et à la campagne était réclamée, en 1893, par la Société
d'Agriculture de l'Yonne, le Comice Agricole d'Auxerre, le
Conseil d'arrondissement d'Auxerre et la Société Médicale de
l'Yonne (A). En octobre 1894, à Paris, après avoir protesté
contre la concurrence déloyale des marchands ruraux expé-
diant dans les villes ou venant y vendre, le Congrès de la
Boucherie française émettait le vœu qu'il fût établi pour

(1) La fusion des services vétérinaires sanitaires des départements
et des communes, telle que la demande la Société des Agriculteurs de
France, est, depuis le 1er janvier 1895, un fait accompli dans le département de la Seine. C'est sur la proposition de nos confrères MM. G.
Barrier et Fourest que cette importante transformation a été acceptée
par le Conseil général de la Seine. (*Projet de réorganisation des Services sanitaires vétérinaires de Paris et de la banlieue présenté au
Conseil général de la Seine, par MM. Barrier et Fourest, conseillers
généraux*. Paris, 1894. Imprimerie Municipale.)

toute la France une réglementation unique des viandes foraines (B).

S'il y avait un gigantesque referendum des non végétariens, ceux-ci ne manqueraient certainement pas d'appuyer énergiquement toutes les réclamations précitées. Dès lors on peut affirmer que le Parlement a véritablement suivi le courant de l'opinion générale, en adoptant les principales conclusions des rapports de MM. Chavoix et Brunet et que le public, si souvent victime des mauvais traitements des empoisonneurs patentés, doit être reconnaissant à ses représentants d'avoir fait du projet Lecomte la Loi Grammont des consommateurs de viande.

II

Comme, depuis un temps immémorial, presque tout le monde est peu ou prou mangeur de rôtis ou de grillades, et que conséquemment il ne se rencontre guère de gens indifférents à la question de la salubrité des animaux alimentaires, il ne faut pas s'étonner si, dans la longue suite des années écoulées, les abus criants du commerce des viandes n'ont cessé de valoir à leurs auteurs ce que l'on nomme aujourd'hui une mauvaise presse.

Déjà au xv⁰ siècle, dans un poème satirique allemand intitulé les *Filets du Diable* (1), la boucherie véreuse est vivement prise à partie dans les termes suivants : *Les bouchers étalent la bonne viande et cachent la mauvaise, pour remplacer celle-là par celle-ci, quand les acheteurs en foule sont occupés à regarder les beaux morceaux. Ils débitent comme animaux sains des bêtes bovines paralysées et prêtes à crever, ainsi que des veaux de huit jours. Ils font manger aux gens des saucisses qu'un cochon refuserait. Ce n'est pas étonnant si le monde meurt !*

Il y avait sans doute beaucoup de mercandiers en 1639, lorsque Simon d'Olives, conseiller au Parlement de Toulouse, écrivait ceci : « *Artémidore n'estoit pas sans raison quand il disoit que ceux qui voyent en songe des bouchers, sont menacés d'une grande perte en leurs biens ; d'autant qu'il est malaisé*

(1) Taufels Netz. D'après E. Gräber : *Historisches zur Entwicklung der öffentlichen Gesundheitspflege auf dem Gebiete der Fleischnahrung* (Deutsche Zeitschrift für Thiermedicin und vergleichende Pathologie. Leipzig, 1884 ; p. 321 et s.).

d'avoir à faire avec eux, qu'on ne se trouve déçu en leur commerce » (1).

Dans un pamphlet de 1649, un joueur de luth dit à un charcutier de Paris : « *Ne me touche pas avec les mains qui sont encore pleines de m..... que tu nous fais manger dans les andouilles... Va vendre ton boudin crevé et ton pourceau ladre pour empester le monde* » (2).

Dans le Conte du Nez coupé (3), Alexis Monteil évoque une bouchère du xviie siècle qui *a vendu de la vache pour du bœuf, du jeune taureau pour du veau, de la brebis pour du mouton et du lard gâté pour du bon lard.*

Vraies hier, ces accusations le sont encore aujourd'hui pour ces nombreux forbans de la boucherie, qui agissent comme si la viande ne leur était pas achetée pour être mangée par des êtres humains. Mais elles n'atteignent point la grande majorité des membres de cette utile profession dont le but, selon l'heureuse expression du président du dernier Congrès de la boucherie, est de « *livrer à la consommation de la viande saine, de bonne qualité, au meilleur marché possible.* »

III

Pendant longtemps l'Allemagne a détenu le *record de la carne ;* mais depuis quelques années la France paraît tenir la corde en matière d'empoisonnements par la *bidoche* et l'emporter par le nombre de ses mercandiers lauréats de la police correctionnelle ou dignes de l'être. Dans la plupart des récents scandales de boucherie — et cela est à remarquer — les viandes insalubres ont été débitées *dans de petites localités* ou introduites dans des villes *après avoir été préparées à la campagne.* Il est bon du reste de rapporter ici quelques-uns de ces faits avec d'autres du même genre.

Le 12 mars 1894, le Conseil d'hygiène de Bar-sur-Aube déclarait qu'on débitait, dans les boucheries de cette ville, beaucoup de viandes malades abattues dans les campagnes et clandestinement introduites la nuit dans ces établissements.

(1) Œuvres. Toulouse, 1639, t. I, chap. xxxi, p. 106. Bouchers.

(2) Les contens et mécontens sur le sujet du tems à Paris (Éd. Fournier. *Variétés historiques et littéraires*, t. V, p. 335. Paris 1856).

(3) *Histoire des Français des divers états aux cinq derniers siècles*, t. VIII, chap. lxviii. p. 92 et s. Paris, 1840.

Aussi réclamait-il l'inspection et l'estampillage de toutes les viandes mises en vente dans les étaux de l'arrondissement.

Les animaux malades, livrés en 1894 au 19e bataillon de chasseurs à Troyes, étaient apprêtés le plus souvent dans la tuerie d'un équarrisseur s'intitulant *marchand de bestiaux en tous genres, vifs, accidentés ou morts*. Un beau jour, le pot aux roses fut découvert. Bien que la viande incriminée eût un aspect absolument répugnant, même pour des profanes, l'un des empoisonneurs eut l'aplomb d'affirmer au tribunal que sa marchandise était bonne et que, s'il eût été avisé à temps de la saisie, il eût provoqué une expertise ; (on lui fit remarquer qu'il était resté introuvable le jour et le lendemain de la saisie, malgré les plus actives recherches). La réponse vaut celle d'un ivrogne auquel un commissaire de police reprochait d'avoir outragé un gardien de la paix : « *Vous avez traité l'agent d'imbécile ?* » — « *Oui, mais je demande une expertise.* » — « *Pourquoi donc ?* » — « *Mais pour savoir si j'ai dit vrai !* ».

Le 23 mai 1894, le service d'octroi arrêtait des salaisons suspectes, amenées à Troyes par un boucher de cheval et un charcutier marron. Il fut reconnu par le service d'inspection que cette denrée était affreusement pourrie et provenait d'une vache malade sacrifiée chez un boucher de campagne. Les introducteurs avaient salé cette viande fiévreuse, parce qu'ils savaient qu'ainsi préparée elle n'était pas astreinte à l'inspection à l'arrivée en ville.

Dans ces dix dernières années, à Troyes, il a été saisi à différentes reprises des viandes foraines rurales fiévreuses, ladres, cachectiques, étiques, arthritiques (forme infectieuse), trop jeunes, etc., frauduleusement importées en ville, et le tribunal correctionnel a condamné plusieurs introducteurs de ces charognes. On m'a affirmé qu'il se mangeait à Troyes pas mal de filets d'équarrissage, arrivant sans encombre à destination sous les jupes de paysannes madrées venant au marché.

Le 11 novembre 1893, un boucher forain exposait en vente sur le marché de Chaumont (Haute-Marne) de la viande de vache étique et fiévreuse, tellement dégoûtante que le public signala le fait à la police. La viande fut alors visitée et reconnue impropre à la consommation, mais comme elle n'avait pas été dénaturée sur le champ, le boucher la conserva à son étal et continua à la vendre. L'inspecteur sanitaire dut alors revenir et faire enlever le corps du délit. Le 26 février 1894, le boucher fut condamné par le tribunal correctionnel de Chaumont à dix jours de prison, à une amende, à l'affichage et à l'insertion du jugement, encore qu'il eût prétendu que sa marchandise était irréprochable (C). Les juges de Chaumont n'ont pas été dupes de cet éternel refrain des *carniers* pris en faute : « *Vous prétendez que ma viande est mauvaise ; mais, monsieur, elle est bonne, parfaite, excellente, saine comme... une cloche, saine comme... un gland* ».

Pendant longtemps, avant 1883, on a introduit clandestinement la nuit, dans des boucheries de Senlis, des viandes d'animaux malades ou mourants, achetés à vil prix ou quelquefois déterrés après enfouissement (D).

En février 1893, des employés d'octroi saisirent des viandes malsaines provenant de la campagne, qu'on tentait d'introduire à Arras par une trouée du mur d'enceinte (1).

En 1890, aux environs de Poitiers, M. Flahaut, appelé à visiter une vache empoisonnée par du pain moisi, n'eut à son arrivée qu'à « constater le décès et à prévenir le maire pour qu'il s'opposât à l'enlèvement clandestin du cadavre dont un boucher de campagne offrait 50 francs » (E).

Dans la Meurthe-et-Moselle (2) et dans la Marne (F), nombre de bovins, reconnus tuberculeux à la suite des injections de tuberculine, sont abattus furtivement dans des tueries rurales non surveillées.

A Saint-Symphorien-sur-Coise (Rhône), où la saucissonnerie constitue une industrie très importante, il était, faute d'inspection, utilisé beaucoup de bêtes tuberculeuses et de porcs ladres en 1893 (G).

En 1889, plusieurs personnes tombèrent malades à Lille ainsi qu'à Armentières, après avoir consommé du hachis supposé fabriqué avec des viandes foraines, et à Bapaume après avoir mangé du veau malsain. Il y eut deux morts à Lille et deux à Bapaume (H).

En juin 1894, à Souchez (Pas-de-Calais), un veau atteint d'arthrite purulente est tué par un cultivateur et vendu à l'hospice d'incurables. Après avoir mangé de cet animal, une centaine de personnes eurent des vomissements et de la diarrhée ; quatre des plus malades moururent. Devant le tribunal correctionnel d'Arras, le vendeur affirma qu'il ne savait pas sa viande dangereuse ; il fut condamné à 100 francs

(1) *Petit Journal*, samedi 11 février 1893.
(2) Berbain. Tuberculose. (*Bulletin Vétérinaire du Nord-Est et de la Société des Vétérinaires lorrains*, 1893, n° 3, p. 41.)

d'amende et à 15 jours de prison avec application de la loi Bérenger (1).

Il a été démontré que le *boucher d'Abbeville*, non l'inoffensif Miles dont Eustache d'Amiens a raconté les plaisants stratagèmes, mais le morticole Richard, à qui la justice a demandé compte de l'empoisonnement d'une compagnie d'infanterie et de la mort de deux soldats, introduisait fréquemment dans son étal des viandes malades qu'il ramenait de la campagne (2).

En mars 1857, aidé de sa femme et d'Y..., boucher d'occasion, X..., cultivateur, débita une vache charbonneuse dans un village de la Côte-d'Or, à Genay, et communiqua ainsi la pustule maligne à deux acheteurs. Le 23 avril suivant, il fut condamné par le tribunal correctionnel de Semur à 15 jours de prison pour délit de blessures par imprudence (art. 320 du Code pénal); ses complices encoururent respectivement 100 et 50 francs d'amende.

En 1881, dans un village de l'Ain, un homme et une femme contractèrent la pustule maligne, après avoir mangé d'une vache charbonneuse débitée aux particuliers à bas prix par un cultivateur. Le maire n'avait mis aucun obstacle à cette vente et s'était même approvisionné de viande au rabais (E).

Presque chaque année, malgré une attentive surveillance, disait M. Villain en 1883 (D), les forts du pavillon de la boucherie contractent la pustule maligne à terminaison souvent fatale, en manipulant les viandes charbonneuses envoyées en si grande quantité de la campagne à la Criée des Halles. Déjà MM. H Bouley et Nocard avaient signalé des cas analogues en 1878 au Congrès d'hygiène. Depuis quelques années, les forts à la viande sont tenus de porter un couvre-nuque destiné à diminuer les dangers d'inoculation charbonneuse.

Il y a quelques années, un cultivateur d'un village de l'arrondissement de Mauléon mourut du charbon, après avoir livré à la consommation une vache morte de la fièvre charbonneuse; sa fille et un de ses voisins furent gravement atteints de la pustule maligne (3).

« Quand nos paysans ont une vache malade, dit M. le

(1) *Petit Journal* des 24 et 25 juin 1894 (n°ˢ 11503 et 11504). — *Petit Parisien* des 24 juin et 2 août 1894.

(2) *Petit Journal* du 12 août 1894, n° 11552.

(3) *Bulletin de la Société de Médecine Vétérinaire des Basses-Pyrénées*, n° 30, séance du 30 avril 1893.

D⁽ᵉ⁾ Beugnies-Corbeau, de Givet, est-ce qu'ils se font un gros scrupule de l'abattre et d'en débiter la viande par n'importe quel moyen ? Il faut n'avoir point coudoyé certaines natures grossières pour ignorer de quelles aberrations elles sont capables. J'ai vu un équarrisseur manger du cheval morveux et encore le manger cru par bravade (1). »

Un vétérinaire de la même ville, M. Delattre, rapporte qu'en 1893 on a livré à la consommation dans les environs de Givet un cheval mélanique non inspecté, un cheval noyé et un cheval morveux. Sur la demande de la Société Vétérinaire des Ardennes, le Préfet a invité les maires du département à exiger l'inspection vétérinaire des chevaux de boucherie avant et après l'abatage, afin d'éviter le retour de pareils abus (1). Comme une invitation n'est pas un ordre, il y a fort à parier qu'il n'y a eu qu'une circulaire préfectorale de plus et que rien n'a été changé des anciens errements.

IV

Les mercandiers trouvent leur marchandise très bonne... pour les autres. Ils se soucient uniquement de l'écouler avec le plus de bénéfice possible, et non de servir loyalement leur clientèle. Ils affectent volontiers de tourner en ridicule le contrôle sanitaire des abattoirs et des tueries. A les entendre, il ne meurt pas plus de monde dans les pays, où les viandes ne sont pas inspectées, que dans les localités pourvues de services d'inspection ; personne n'est jamais mort ni même tombé malade, après avoir mangé de la viande réputée malsaine, etc. Ils feignent ainsi d'ignorer la triste fin des deux soldats d'Abbeville et des quatre vieillards de Souchez, ainsi que la lugubre série d'autres empoisonnements alimentaires moins récents ou moins connus. Ils tiennent pour quantité négligeable les nombreux cas de téniasis développés chez les consommateurs de viandes ladres et ceux de diarrhée présentés par les personnes se nourrissant de viandes trop jeunes. Et cependant il leur arrive parfois d'être eux-mêmes victimes d'accidents pathologiques, provoqués par les manipulations de l'habillage ou du découpage d'animaux insalubres.

(1) *Bulletin de la Société de Médecine Vétérinaire des Ardennes.* — *a.* N⁰ d'août 1893, p. 12 et 13 ; — *b.* N⁰ de février 1894, p. 12 et 13.

En 1867, à Toulouse, alors le réceptacle des viandes foraines malades et même des bêtes crevées de toutes les communes rurales de la région, rapporte M. Griolet (1), on exposa en vente des moutons charbonneux, abattus à la campagne par un garçon boucher qui mourut du charbon contracté pendant ce travail.

M. E. Thierry cite un boucher de l'Yonne qui succomba à une pustule maligne, après avoir apprêté une vache charbonneuse livrée à vil prix par un cultivateur à la consommation rurale (A).

En avril 1894, M. Friez, vétérinaire à Montreux-le-Château, constata le charbon bactéridien sur une vache trouvée morte le matin chez un tanneur de Petite-Fontaine. Après le départ de M. Friez, et à son insu, un boucher de la Chapelle-sous-Rougemont, qui avait aidé à faire l'autopsie, se mit en devoir de dépouiller la bête en ayant soin d'éponger avec un linge les chairs successivement mises à nu. Pendant l'opération, il manifesta ses regrets de n'avoir pas été prévenu plus tôt de la mort de l'animal, qu'il aurait pu alors débiter dans sa boucherie avec un grand bénéfice ; néanmoins il trouva la viande très belle et ne cacha point son envie de l'avoir, mais il n'arriva pas à l'obtenir. Onze jours après, il mourut d'une plaie charbonneuse de la main (2).

En septembre 1894, un boucher et son garçon mangèrent un morceau d'une vache crevée *d'un coup de sang* dans un village de l'arrondissement de Douai ; ils moururent quelques jours après. Dans l'intervalle, MM. Garet et Lebon, vétérinaires, constatèrent que la vache avait péri du charbon (3).

Il y a un peu partout des gens voraces et pas dégoûtés, se nourrissant sciemment de tout et de n'importe quoi, s'approvisionnant eux-mêmes de viandes répugnantes, de poules et de lapins crevés ou de cadavres d'autres animaux. Ce sont de dignes émules des « *Mangeurs de choses immondes* » que G. Flaubert, l'auteur de Salammbo, a fait figurer dans l'armée d'Hamilcar, au siège de Carthage, avec des menus rien moins qu'affriolants.

On a vu dans l'Oise des ouvriers belges déterrer un bœuf

(1) *Compte-rendu du Congrès National des Vétérinaires de France de 1878*, p. 196.

(2) Muller. Animal mort de la fièvre charbonneuse. (*Echo des Sociétés et Associations Vétérinaires de France*, janvier 1895, p. 31.)

(3) *Petit Parisien* du 28 septembre 1894.

crevé, enfoui dans un champ, et le saler pour leur consommation (b). Ces violations de sépulture sont loin d'être rares chez nos voisins du Nord, ainsi que l'a donné à entendre M. le député Van Naemen, à la séance du 6 avril 1894 de la Chambre des représentants de Belgique (1). M. Defays en a rapporté un cas bien curieux (2) : En 1866, une Commission, chargée par le gouvernement d'autopsier un bœuf typhique enfoui aux environs d'Anvers, constata avec surprise que le cadavre avait disparu de la fosse. Il paraît d'ailleurs, que des viandes de bêtes crevées aux environs de Bruxelles, et parfois déterrées, sont souvent introduites subrepticement en ville, malgré la surveillance la plus active (3).

Il y a 15 à 20 ans, à Semur (Côte-d'Or), un manœuvrier ramassa un mouton crevé dans les champs. Il en mangea et en fit manger à un porc. L'homme mourut d'une pustule maligne ; le cochon fut également malade, mais ne périt point.

Les victimes de l'ingestion des viandes malsaines ne se rencontrent pas exclusivement dans l'espèce humaine. Des animaux ont pu contracter le charbon, la morve, la tuberculose après avoir fortuitement mangé de la chair crue de bêtes atteintes de ces maladies et devenir ensuite un danger pour l'homme. On a vu s'infecter ainsi du charbon et périr deux ours et un loup (Gilbert) (j), trois chiens (C. Leblanc) et plusieurs porcs (Nocard) (b). On a vu de même succomber à la morve des chiens du Jardin d'Acclimatation (Ménard), des lions et des tigres du Cirque d'hiver (Benjamin et Trasbot) (b). Il y a de nombreux exemples de tuberculose contractée par des poules (Guerrin), des porcs, des chiens et des chats, à la suite de l'ingestion spontanée de viscères tuberculeux d'abattoirs ou de clos d'équarissage (j). Il est de notoriété vulgaire que les chiens acquièrent des tœnias après l'ingestion d'organes de bœuf et de mouton contenant des échinocoques, des cysticerques et des cœnures, qu'après cette contamination ils provoquent l'éclosion non

(1) *Annales Parlementaires de Belgique*, 1894, p. 953.

(2) *Amtlicher Bericht ueber den dritten Internationalen Congress von Thierärzten in Zürich*, am 2-7 september 1867. Zürich, 1869. Ueber die Organisation der Fleischbeschau, p. 69 et 70.

(3) Courtoy. Etat actuel de la question de la Tuberculose chez l'homme et les animaux domestiques. Mesures à prendre au point de vue de l'hygiène publique. (*Bulletin de la Société Royale de Médecine publique de Belgique*, tome XI.)

seulement de l'échinococcose et du tournis chez les rumi-
nants domestiques, mais encore des kystes hydatiques chez
l'homme.

V

Certaines personnes, faisant autorité dans les sciences médicales ou vétérinaires, affirment que les viandes dites insalubres sont rarement dangereuses pour les consommateurs
et qu'il n'y a guère lieu de se préoccuper de leur ingestion.
Elles vont même jusqu'à prétendre qu'en principe on ne
devrait pas soustraire ces denrées à l'alimentation publique,
au cas où elles sauveraient plus d'existences qu'elles n'en
détruiraient ; qu'en un mot il y aurait avantage à les laisser
vendre si elles pouvaient d'une part faire vivre dix individus
et d'autre part n'en faire mourir que six ou huit. Mais s'il
n'est que trop prouvé que la viande malsaine peut rendre les
consommateurs malades et même les faire mourir, il reste à
démontrer que, par le fait de son inutilisation, des gens
mourraient de faim, même à défaut d'importation de bestiaux
étrangers. D'ailleurs une telle comptabilité des vies humaines
est singulièrement hasardée, surtout au moment où l'Amé-
rique ne cherche qu'à inonder nos marchés de cargaisons de
viandes plus que suffisantes pour combler notre déficit en
bêtes de boucherie. A cette alimentation insalubre, les consommateurs préféreraient certainement les bienfaits du végé-
tarisme ou ceux du carême politique proposé à la Convention
nationale, lors de la disette des bestiaux en 1793 et 1794. On
ne saurait les en blâmer, alors même que l'ingestion des
viandes malsaines ne serait pas constamment morbifique. En
effet, comme l'a écrit le Dr Arnould, il ne suffit pas que la
viande offerte au public ne puisse le rendre malade, il faut
encore qu'elle soit sapide, succulente, de propriétés nutri-
tives généreuses, saine en un mot et non point épuisée déjà,
plus ou moins complètement, par un parasitisme quel-
conque (1). C'est aussi l'opinion de MM. H. Bouley, C. Leblanc et Nocard (n) qui rejettent non seulement les viandes
pourvues d'éléments contagieux, mais encore les viandes
avariées, surmenées ou fiévreuses à cause de leurs caractères
objectifs repoussants, de leur état de décomposition et de

____

(1) *Revue d'Hygiène et de Police sanitaire*, 1892, p. 1027.

leur nocuité probable par les ptomaïnes. Pourquoi les défenseurs souvent platoniques des viandes malades, étiques, cachectiques ou trop jeunes, n'en prônent-ils pas l'offre exclusive et franche aux consommateurs à estomac large et peu délicat, au lieu de chercher à les imposer en tapinois à tout le monde sans distinction ? Pourquoi ne tentent-ils pas de sauvegarder à la fois les exigences économiques et hygiéniques, c'est-à-dire les intérêts des consommateurs et des producteurs, au lieu de favoriser les uns au préjudice des autres ? Ils seraient assurément écoutés davantage qu'ils ne le sont s'ils montraient moins d'exagération, si, par exemple, ils demandaient la vente au freibank pour quelques viandes défectueuses, s'ils réclamaient la salaison ou mieux la stérilisation par la chaleur pour les chairs de certaines bêtes ladres ou tuberculeuses.

D'aucuns prétendent que les bouchers de campagne ont tout intérêt à s'abstenir du débit des mauvaises viandes, sous prétexte que leur clientèle, toujours au courant de leur approvisionnement sur pied, les quitterait si elle les voyait recevoir des bêtes malades dans leurs tueries. Ils en concluent que dans les étaux ruraux où les exploitants sont à la fois juge et partie, c'est-à-dire contrôlés par eux-mêmes, tout se passe pour le mieux au point de vue de la salubrité des comestibles mis en vente. A mon avis c'est faire montre d'un optimisme par trop virgilien que d'ajouter ainsi aux avantages, attribués aux campagnards par l'auteur des Géorgiques, le bonheur d'être à l'abri des coups des mercandiers. N'est-on pas instruit qu'en beaucoup de localités une foule de bêtes, manifestement malades avant l'abatage, ont été apprêtées dans des tueries rurales par les tenanciers eux-mêmes ou par des bouchers urbains bénéficiant d'une confraternelle hospitalité ? Ne sait-on pas que la nuit y est patiemment attendue pour faire passer devant chez les voisins ensommeillés les bêtes trop visiblement malades, agonisantes ou déjà crevées, alors qu'on fait défiler ostensiblement en plein jour les animaux bien portants et non suspects ? N'est-il pas notoire que beaucoup de ceux-ci peuvent néanmoins se trouver en état d'insalubrité et n'être reconnus malades, ladres ou tuberculeux par exemple, qu'après l'abatage et à l'insu du voisinage ?

VI

L'inspection sanitaire n'est pas seulement indispensable dans les tueries privées patentées, elle doit également s'exercer chez les particuliers, éleveurs ou autres, abattant à domicile des animaux dont ils prétendent utiliser la viande. La tolérance d'une exception dans ce sens provoquerait la consommation *ad libitum* des sujets malades ou suspects. Et ici je laisse de côté l'immolation traditionnelle des porcs destinés aux saloirs de famille, encore que nombre de ces congénères du compagnon de saint Antoine soient dignes du patronage de saint Lazare, le béat protecteur des ladres. Les cultivateurs ne font ordinairement sacrifier chez eux que des bêtes victimes d'accidents graves (fractures, météorisme, parturitions laborieuses, etc.) ou de maladies aiguës (affections gastriques ou intestinales, fièvre vitulaire, charbon, etc. (r), vulgairement désignées en bloc, souvent avec intention, par les vocables discrets autant qu'insignifiants *d'échauffement*, de *coup de sang*. On croirait aisément à la consommation exclusivement familiale d'une oie ou d'un lapin, mais difficilement à cette destination d'un bœuf ou d'une vache.

Outre que beaucoup de propriétaires ruraux vendent tout ou partie des viandes provenant des abatages par nécessité, un boucher obtient facilement la connivence de cultivateurs complaisants, chez lesquels il abat sans bruit les animaux dont il redoute l'expropriation gratuite pour cause d'hygiène publique (r). On est suffisamment édifié à ce sujet par les abus de certaines localités où les particuliers sont autorisés à sacrifier, chez eux et non aux abattoirs publics, les porcs qu'ils déclarent engraisser pour leur propre approvisionnement. De prime abord les bénéficiaires de ces égorgements domiciliaires pourraient être pris pour des émules de Gargantua, si l'épluchage des statistiques domestiques n'apprenait que les mangeurs de ces porcs ne sont pas toujours ceux qu'on pourrait penser. Des enquêtes sérieusement menées démontrent que, sains ou malsains, beaucoup de porcs ainsi privilégiés sont en totalité ou en partie détaillés par les particuliers eux-mêmes ou cédés en quartiers à des charcutiers, soit à d'autres marchands de comestibles qui se gardent bien de les faire contrôler. On a pu voir à Troyes, il y a quelque

dix ans, des nourrisseurs tuer chez eux trois ou quatre co-
chons qu'ils vendaient aux détaillants, et des épiciers
débiter en boutique des porcs de commerce qu'ils faisaient
sacrifier en dehors de l'abattoir. En supposant même que
l'abatage à domicile soit sûrement réservé à la consommation
privée, il n'est pas admissible qu'un particulier amateur
d'aliments répugnants ou malsains, réfractaire ou non à leur
action nocive, ait la faculté d'imposer la consommation d'un
animal malade, dont il est propriétaire, non seulement à sa
femme et à ses enfants, mais encore à ses domestiques ou
employés nourris chez lui, à ses parents et à ses amis reçus
dans sa maison, aux personnes de connaissance invitées à sa
table. Nul ne doit avoir la liberté de commettre de tels actes,
parce que ce serait abuser gravement des attributions de
chef de famille, de l'autorité patronale ainsi que des relations de parenté, de camaraderie ou d'affaires. Nul même ne
doit pousser la jouissance du droit de propriété jusqu'à
communiquer, par ingestion de viandes malades, la morve et
le téniasis à ses chiens, le charbon et la tuberculose à ses
porcs et à ses chiens et entretenir ainsi chez lui des foyers
d'infection dangereux pour la santé publique.

Il est certain qu'un grand nombre de propriétaires ruraux
sont loin de songer à faire consommer leurs animaux malsains et que certains d'entre eux ont même à ce sujet des
scrupules excessifs. Je me rappelle avoir vu, en 1879, un brave
cultivateur de la Côte-d'Or se décider avec peine à livrer à
la consommation de son village une vache en bon état, dont
une lésion utérine incurable nécessitait l'abatage. Il voulait
à toute force faire enfouir sa bête sous prétexte qu'elle était
malade. Beaucoup de campagnards cependant n'ont pas
autant de désintéressement alors même que, comme la géné-
ralité des ruraux, ils éprouvent une répulsion instinctive
pour les viandes d'animaux atteints de maladies quel-
conques : Une vache rendue fiévreuse par des complications
d'ostéoclastie est un jour amenée à Troyes et saisie comme
impropre à la consommation. Sur la remarque qu'un abatage hâtif eût permis d'utiliser la viande au lieu de prove-
nance, le propriétaire répond qu'au village personne n'en
aurait mangé parce que tout le monde savait la bête malade.
Ce paysan madré et dégoûté, qui trouve excellente pour les
habitants de Troyes une viande qui lui répugne, est loin
d'être une exception. En 1880, dans un cabaret des environs
de Lille, un rédacteur de *l'Économie de Tournai* a entendu la

conversation suivante entre un cultivateur et un boucher : « *J'ai une vache qui vient de crever ; qu'est-ce que je vais en faire ? — Tu ne pourrais pas la vendre ici où personne n'en voudrait ; je vais te la mener à Lille, elle est assez bonne pour les Lillois* » (II).

Le dicton des mercandiers ruraux « *C'est bon pour les habitants des villes* », n'est pas exclusif à la France ; on en retrouve l'équivalent sur les bords du Danube et sur les rives de la Sprée. Les villageois autrichiens trouvent très bonnes pour les Viennois les carcasses défectueuses qu'ils envoient à Vienne (Toscano). En Allemagne, quantité de paysans refusent de goûter aux bêtes malades ou simplement suspectes qu'ils expédient par quartiers dans les villes (Schmïdt-Mülheim).

Depuis des années et jusqu'en ces derniers temps, de grandes quantités de viandes malsaines d'animaux sacrifiés dans des abattoirs privés ont été introduites dans les villes de garnison et ont été utilisées pour la consommation des soldats. A Toul, notamment, avant l'installation de la boucherie militaire, il arrivait souvent aux cuisines régimentaires de ne pas être autrement fournies, de recevoir par exemple des quartiers provenant des tueries clandestines d'Ecronges et de Cholay. Autrefois on ne paraissait pas s'inquiéter outre mesure de ces détestables pratiques et, chose à jamais regrettable, il semblait presque être dans l'ordre que le régime de la *vache enragée* fût obligatoire pour les troupes, composées alors en majeure partie de prolétaires ayant tiré un mauvais numéro ou recrutés à prix d'argent comme remplaçants. Maintenant que tous les citoyens valides passent par l'armée, les jeunes gens de la noblesse ou de la bourgeoisie, comme les fils de paysan ou d'ouvrier, le public a quitté son ancienne indifférence pour protester contre les intoxications par la *viande à soldat*. Il admet très bien que notre armée se fasse décimer pour le salut de la patrie, mais il ne comprend point qu'elle soit empoisonnée par de rapaces commerçants, qui résolvent le problème de la pierre philosophale en transformant de viles charognes en espèces sonnantes et trébuchantes.

Ainsi un grand nombre de communes rurales se débarrassent dans les villes d'une foule de mauvaises viandes, dont elles ne veulent pas et que d'ailleurs elles ne sauraient toutes consommer en raison de l'exiguïté de leur population. C'est une façon avantageuse de suivre à peu près à la lettre les prescriptions suivantes de la Bible et du Talmud : « *Vous ne mangerez pas de charognes ; mais vous les donnerez à l'étranger pour qu'il les mange si cela lui convient, ou vous les vendrez aux voyageurs* » (1).

VII

Les viandes foraines rurales pénètrent dans les villes tantôt frauduleusement, tantôt avec un contrôle sanitaire. Elles sont généralement ce qu'il y a de pire dans le premier cas et ne valent parfois guère mieux dans le deuxième. Celles qui ont été jusqu'ici présentées à l'inspection de Troyes ont été fréquemment l'objet de saisies motivées par la tuberculose, la mort naturelle, l'état fiévreux, la pyémie, la septicémie, l'urémie, etc. ; ces affections étaient parfois constatées sur des quartiers isolés, parce que les autres parties avaient été consommées au lieu d'origine. Dans les six premiers mois de 1894, sur les viandes rurales expédiées à Paris, aux Halles Centrales, il a été pratiqué 3824 saisies représentant un total de 109.085 kilos, soit par jour un peu plus de 10 saisies s'élevant ensemble à 600 kilos environ (c).

Convertis aux prescriptions diététiques de Moïse par la crainte des viandes foraines, beaucoup de chrétiens vont s'approvisionner dans les étaux pourvus de viandes judaïques. Cela tient à ce que, dans certaines villes, les animaux sacrifiés dans les campagnes sont plus ou moins dépréciés. Les viandes foraines étaient autrefois prohibées à Toulouse en raison de la presque impossibilité d'en reconnaître l'état sanitaire réel, déclarait en 1851 M. Fourtanier, ancien maire de cette ville, à la Commission d'enquête législative sur le commerce de la boucherie (1). Pendant longtemps nombre de bons bouchers parisiens ont affiché un souverain mépris à leur égard, sous prétexte que les inspecteurs des halles, malgré leur zèle, ne pouvaient voir tout ce qui était envoyé de mauvais (2). D'ailleurs les personnes, au courant de la question, sont unanimes à reconnaître que les agents sanitaires peuvent éprouver de grandes difficultés et même être mis à *quia,* quand il s'agit de décider du sort de certaines

(1) E. Blanc. *Les mystères de la boucherie et de la viande à bon marché,* Paris 1857, p. 201.

(2) J. Barberet. *Le Travail en France. Monographies professionnelles,* t. 1er, Paris 1886, p. 306 et s. *Boucherie.*

viandes foraines : M. Villain, vétérinaire-inspecteur en chef de Paris, a fait retirer de la vente aux Halles Centrales, à diverses reprises, des moutons abattus charbonneux dont les lésions extérieures étaient tellement peu significatives que l'examen microscopique a seul pu en justifier la saisie, et que les meilleurs bouchers les auraient de confiance achetés un bon prix (1). D'après M. E. Godbille, dans les villes du Nord où les pays herbagers expédient couramment des quartiers de bêtes crevées, des parties d'animaux septicémiques, charbonneux ou tuberculeux, les lacunes de la science obligent parfois, malgré un examen sérieux, les inspecteurs les plus expérimentés à rester indécis devant certaines de ces viandes et à en laisser passer quelques-unes dans la crainte de commettre une erreur (2). Faute de renseignements sur les circonstances précédant l'abatage et sur l'état des viscères, dit M. le professeur Galtier, de l'École Vétérinaire de Lyon (3), il arrive plus d'une fois aux inspecteurs d'ignorer si les viandes foraines proviennent de bêtes gravement malades, et d'en accepter qu'ils auraient saisies s'ils avaient examiné les animaux dans un abattoir. Nombre de bouchers de campagne se vantent de faire recevoir dans les villes des quartiers de bêtes tuberculeuses bien nettoyées, en disant que *les inspecteurs n'y voient rien* : un boucher de Châteauneuf-sur-Loire, récemment condamné conditionnellement par le tribunal correctionnel d'Orléans à un mois de prison et à 400 francs d'amende, pour avoir expédié une vache tuberculeuse aux Halles Centrales de Paris (4), a appris à ses dépens *qu'il n'arrive pas toujours aux inspecteurs de n'y rien voir*. Il est presque d'usage pour les introducteurs de viandes foraines malades de prétendre que l'abatage a eu lieu au début de la maladie ; si les quartiers portent des ecchymoses consécutives à un décubitus morbide prolongé, on déclare imperturbablement que ces lésions sont dues aux coups de bâton d'un conducteur brutal ou aux bourrades d'un hargneux voisin d'étable. J.-B.-C. Rodet recommandait à ce sujet de ne pas oublier que des gens de mauvaise foi peuvent blesser, étrangler ou tuer de toute autre manière un animal fiévreux et

(1) *Manuel de l'inspecteur des Viandes*, 2e édition, Paris 1890, p. 200 et s. *Viandes charbonneuses.*

(2) *Compte-rendu du Congrès international de Médecine Vétérinaire de 1889*, p. 578.

(3) *Manuel de l'Inspection des Viandes*, Lyon, 1885, p. 115.

(4) *Petit Journal*, n° 11748, 24 février 1895.

simuler une maladie n'empêchant pas la consommation, afin de tromper l'inspecteur et de lui extorquer l'autorisation de vente (1).

Déjà considérables pour les quartiers isolés, les difficultés de constatation deviennent le plus souvent insurmontables pour la viande hachée. Les cervelas et les saucisses sont le triomphe de la fraude la plus éhontée et la plus discrètement insolente. Avec ces sacs de chair pleins de surprises inattendues, tout passe, se vend et se mange. Un charcutier marron, manquant de ses matières premières habituelles, cheval d'équarrissage ou vache disputée à l'enfouisseur, pourra impunément livrer à la consommation, sous les noms pompeux de *Chipolata* et de *Mortadelle*, la viande pulvérisée et fourrée d'un chien crevé ou d'un chat ramassé sur la voie publique. De là au saucisson de *bimane*, il n'y a qu'un pas macabre facile à risquer pour un malandrin décidé. Il existe d'ailleurs des précédents, sans remonter aux trois petits enfants de la ballade de saint Nicolas tués par un boucher et « mis au *saloir comme pourceaux* », sans rappeler les pâtés de chair humaine du barbier de Tournus. Ainsi, d'après le *Petit Journal* du 20 juillet 1893, un boucher du hameau du Petit-Paris (Nord), ayant tué un enfant à terme mis au monde par sa maîtresse, le fit disparaître, après cuisson préalable, en en confectionnant un pâté qu'il vendit.

Aux campagnes qui les inondent de viandes détestables, les villes répondent parfois par des échanges de mauvais procédés. Ainsi un vétérinaire-inspecteur d'un chef-lieu de département recevait un jour la lettre suivante :

« Monsieur, comme vous défendez expressément de tuer du porc *graïné* en ville, je voudrais bien savoir si les bouchers des campagnes ont le droit d'en tuer plutôt que les bouchers des villes. Depuis trois mois M. X., boucher à L., en reçoit toutes les semaines de M. Y., de T.; il en a encore reçu mardi dernier. Je crois que la mesure doit être la même pour tous. »

Aucun règlement ne s'oppose au fait signalé ci-dessus, c'est-à-dire à l'émigration de la ladrerie sur pied des villes à la campagne, avec ou sans espoir de retour au point de départ. Le cochon *graïné* ne peut être saisi qu'abattu; vivant, il a le droit absolu de circulation, malgré qu'il soit à jamais

<hr>

(1) *Traité de Médecine légale vétérinaire* (d'après Toggia), Paris 1827, p. 86 et 87.

incurable. Jusqu'ici on a profité largement de cette liberté pour tuer les porcs ladres sur un terrain neutre ou vierge d'inspection, notamment à la campagne, et en colporter ensuite la viande un peu partout.

Trop souvent les clos d'équarrissage sont, au même titre que les tueries particulières, les sources impures où sont puisés les éléments du commerce des bouchers marrons et les matières premières des saucissonniers interlopes. On a cité nombre d'équarrisseurs livrant des viandes à des bouchers ou à des charcutiers, débitant du cheval dans leurs établissements ou en colportant dans les communes du voisinage. Ces graves abus sont dus à ce que la plupart des clos d'équarrissage, même ceux qui préparent plusieurs centaines de gros cadavres par an, sont l'objet d'une surveillance insuffisante ou nulle. Si les bouchers malfamés sont mis dans l'impossibilité de faire servir leurs tueries au mercandage, ils quitteront ces officines pour aller opérer dans les clos d'équarrissage, et il arrivera ainsi que souvent le mal ne sera que déplacé. Le danger ne disparaîtra complètement que lorsque l'inspection de ces derniers établissements sera réelle au lieu de figurer uniquement sur le papier. On arrivera facilement à ce résultat en couvrant les frais de cette inspection par une taxe légalement imposée sur chaque animal équarri.

VIII

Il n'est pas sans intérêt de s'inquiéter, dès maintenant, de l'accueil que feront à la Loi Leconte rendue exécutoire les municipalités, qui se sont abstenues jusqu'ici d'établir l'inspection sanitaire des abattoirs et des tueries. Même pour ceux qui ne croient pas à l'état d'âme attribué par H. Taine à quantité de pouvoirs locaux, mais qui savent que la liberté qui est accordée à ces derniers est loin d'être toujours adéquate d'une activité féconde en hygiène, il n'est pas douteux que la nouvelle loi se heurtera contre le mauvais vouloir ou l'inertie d'un grand nombre d'autorités communales. N'est-il pas notoire en effet qu'il n'y a guère à compter sur beaucoup de municipalités rurales pour l'application des mesures de salubrité en général ? L'ignorance de l'hygiène, l'intérêt personnel sous ses diverses formes, l'esprit de routine, les cabales de coterie, les relations de camaraderie, tout concourra en nombre d'endroits au maintien d'un *statu quo* cher aux bouchers et aux marchands de bestiaux sujets à caution. Ailleurs on se bornera à des demi-mésures et on fermera les yeux sur les agissements d'amis ou de protégés, sachant mercander en sauvant adroitement les apparences. Les bouchers, joignant quelque influence à l'horreur des mesures sanitaires, mettront en jeu toutes leurs relations pour faire repousser aux calendes l'organisation de l'inspection. La légalité de la taxe de visite les empêchera, il est vrai, de se poser comme auparavant en citoyens économes des deniers municipaux, en faisant miroiter la perspective du budget communal obéré par les émoluments des surveilllants de la boucherie. Ils soutiendront alors, au nom de la philanthropie, que les droits perçus produiront la cherté de la viande et restreindront les achats du plus grand nombre. Mais en réalité ils auront uniquement en vue d'empêcher la création d'agents sanitaires, prévus par eux nuisibles à leurs propres intérêts, et leur argumentation d'orfèvre rappellera pour le moins la boutade suivante, inspirée à P.-L. Courier par l'arrivée imprévue d'un général inspecteur au moment où l'érudit soldat se disposait à rendre une visite agréable : « Ces inspecteurs sont des gens que l'on envoie examiner si nous faisons notre devoir. Le leur est de nous ennuyer et celui-ci s'en acquitte parfaitement à mon égard. Quand il ne serait pas de sa personne un insupportable mortel,.. sa visite tombant au travers de mes plus agréables projets ne pouvait que m'assommer. »

L'appréhension d'un certain coulage des dispositions de la Loi Leconte ne se base pas sur des suppositions purement gratuites. La loi du 5 avril 1884, qui a succédé à la loi des 16-24 août 1790, confie à la police municipale l'inspection sur la salubrité des comestibles exposés en vente. Le décret du 22 juin 1882 prescrit aux communes de placer les abattoirs publics et les tueries particulières sous la surveillance permanente d'un vétérinaire. Le Code pénal et la loi du 27 mars 1851 prohibent la vente des substances alimentaires corrompues. La loi du 21 juillet 1881 interdit la consommation de la chair des animaux morts de maladies contagieuses quelles qu'elles soient ou abattus comme atteints de peste bovine, morve, farcin, charbon ou rage. La loi de 1881 sur la police sanitaire des animaux, son règlement d'administration publique de 1882 et l'arrêté ministériel du 28 juillet 1888 ne permettent, qu'après l'avis d'un vétérinaire, la vente d'animaux affectés de péripneumonie contagieuse, de tuberculose, de rouget et de pneumo-entérite infectieuse. La plupart de ces prescriptions sanitaires, édictées de 1790 à 1888, sont jusqu'ici restées lettre morte dans la majorité des communes françaises, et n'y ont mis aucun obstacle aux abus qu'elles devaient empêcher. Les mercandiers ont foulé aux pieds les prohibitions et de nombreuses populations ont souvent trouvé, dans les étaux ou sur les marchés, des viandes corrompues et des viandes de bêtes crevées ou d'animaux atteints de toutes sortes de maladies. Les quatre cinquièmes des boucheries des petites localités n'ont jamais été inspectées, et le nombre des tueries particulières soumises à la surveillance d'un vétérinaire est infinitésimal. D'ailleurs cette surveillance manque en beaucoup d'abattoirs publics, même importants, et elle est insuffisante dans quantité de ces établissements. Dans bien des abattoirs municipaux, il y a des chargés d'inspection, qui ne sont que des empiriques livrés à eux-mêmes, qui inspectent mal ou même n'inspectent pas du tout, et ne sont là que pour appliquer une estampille indiquant le paiement du droit d'abatage. Combien de petits abattoirs publics, dépourvus de gardien à demeure, sont sous la surveillance d'un employé communal logé à la mairie, cumulant les fonctions d'appariteur et de tambour-afficheur ! Ce concierge *in partibus* se contente de remettre la clef de la tuerie municipale aux bouchers, qui veulent bien la lui demander et ne pas abattre chez eux. Il y a aussi des abattoirs communaux dont l'usage n'est obligatoire que pour les bouchers, comme si les animaux tués par les charcutiers étaient exempts de cas de saisie. Lorsqu'on voit tous ces errements persister malgré les prescriptions sanitaires antérieures à 1895, lorsqu'on sait que beaucoup de foires et marchés à bestiaux ne sont pas inspectés conformément à la loi, alors que les frais d'inspection peuvent légalement être couverts par une taxe d'inspection, on a tout lieu de craindre que les communes, coupables de ces actes de négligence, mettent de côté la Loi Leconte et ne perçoivent pas les taxes de contrôle sanitaire des tueries particulières.

Parmi les administrateurs municipaux n'assurant pas la salubrité des comestibles exposés en vente, il en est peut-être d'égoïstes qui croient que leurs fournisseurs ne leur réservent que des viandes de choix. Quelle illusion ! Un boucher de campagne qui tue une vache par semaine ne peut pas tenir

constamment deux qualités, la bonne pour les clients de
marque et la mauvaise pour le commun des acheteurs. Et
puis tout le monde n'a pas la chance de Dennery : Le fruitier
du célèbre dramaturge, ayant un jour livré à son client qu'il
n'avait pas reconnu un mauvais melon qu'il lui avait annoncé
très bon, lui tint le langage suivant après s'être aperçu de sa
méprise : « Ce melon est parfait pour les gens qui passent et
non pour vous; en voici un autre que vous pouvez prendre
de confiance, car il est parfait pour tout de bon, tandis que
l'autre à vrai dire ne vaut rien du tout. »

Malheureusement les communes ne font pas de tort qu'à
leur propre population, en n'organisant pas l'inspection
sanitaire des tueries particulières de leur territoire; elles
rendent victimes de cet état de choses les habitants d'autres
communes. En effet, nulle campagne, même avec l'aide des
étrangers qui viennent chez elle, ne consomme tous les animaux malsains abattus sur son finage; elle en expédie une
partie dans les localités voisines et même dans les villes plus
ou moins éloignées.

Il arrive parfois à un boucher rural empoisonneur de ne pas
tenir étal dans la commune où il réside, de ne jamais y débiter ses mauvaises viandes et de les expédier dans d'autres
localités. Bien qu'il n'intoxique pas ses compatriotes, il n'est
pas admissible que les autorités locales de sa résidence le
laissent tranquillement opérer dans son officine et exporter à
sa guise sa triste marchandise. Attend-on par exemple, pour
arrêter les voleurs et les faux-monnayeurs, qu'ils aient utilisé
le produit de leurs larcins ou de leur fabrication illégale?
Pourquoi permettre aux mercandiers de faire des victimes
avant de leur crier haro? Ne vaut-il pas mieux prévenir que
guérir?

On semble avoir perdu de vue que le contrôle de la salubrité des viandes, jugé convenable lors de la promulgation
de la loi des 16-24 août 1790, n'est plus en rapport avec les
exigences de notre époque. Les plus simples villages sont
actuellement susceptibles d'être des foyers d'empoisonnement
alimentaire, dont la puissance de rayonnement était loin
d'être soupçonnée il y a un siècle. On ne songeait pas alors
que des viandes fraîches des quatre coins de la France pourraient arriver à Paris, à Lyon, à Bordeaux, etc, dans 6. 8,
10 ou 12 heures au plus au lieu de 2, 3, 4 ou 5 jours. On
n'avait pas alors la moindre idée de l'extension à longue por-
tée de la charcuterie clandestine, de la libre circulation des

saucissons à contenu mystérieux de la Manche à la Méditerranée et des Vosges au Golfe de Gascogne.

Au lieu d'être exclusivement débitées comme autrefois dans les localités d'origine, les viandes peuvent être transportées au loin et diversement disséminées. En cas de maladies des animaux, leur insalubrité habilement dissimulée avant le départ leur permet d'arriver à destination et d'entrer dans la consommation sans que l'état réel en soit reconnu. Et c'est ainsi que certaines communes sont empoisonnées par d'autres communes sans qu'elles puissent se préserver. C'est le propre d'un pouvoir supérieur de veiller à cette œuvre de préservation intercommunale et ce rôle ne peut être dévolu qu'à l'État. En effet, de l'avis de tous, ennemis ou partisans de la centralisation, l'État doit être investi en matière d'hygiène d'un droit de contrôle sur les communes, et il lui appartient d'intervenir à ce sujet quand les autorités locales manquent à leurs obligations. Un ardent défenseur des franchises communales sur le terrain de l'hygiène, M. Paul Strauss, conseiller municipal de Paris, soutenait dernièrement cette thèse avec talent dans *La Ville :* Il demandait l'indépendance des services sanitaires locaux sous les réserves de droit commun en cas de négligence ou d'incurie, et sans autre ingérence gouvernementale que celle permettant aux agents de l'État de s'assurer si ces services fonctionnent normalement (1).

En 1892, dans son rapport sur le projet de loi pour la protection de la santé publique (2), M. le Dr Langlet, député de la Marne, malgré son respect de l'autonomie communale, réclamait résolument l'intervention de l'État en matière d'hygiène pour empêcher les communes d'user de leur liberté au détriment d'autres communes, pour encourager et aider celles en état d'impuissance, pour exciter et au besoin contraindre celles ne voulant rien faire.

En 1893, dans son rapport sur le projet de loi du Code rural, M. le baron de Ladoucette, député, se ralliait à cette idée lorsqu'il disait que « la santé publique est une question non pas de simple intérêt local, mais d'ordre général » (3)

En parlant récemment d'un projet de création d'un ministère du travail, propre à améliorer l'hygiène des ou-

(1) L'Hygiène municipale (*Journal d'Hygiène*, n° 943, 18 octobre 1894, p. 499).

(2) In-4, Paris 1892. Imprimerie Motteroz, p. 7 et p. 60.

(3) In-4, Paris 1893. Imprimerie Motteroz, p. 43.

vriers, M. G. Clémenceau disait que ce serait là un grand centre d'action commune destiné à harmoniser toutes les initiatives dont se fait l'effort national. C'était en propres termes reconnaître sagement que, dans certaines circonstances, la nécessité s'impose de sauvegarder l'intérêt de la collectivité nationale par l'amoindrissement du pouvoir des collectivités communales. Dans son projet de décentralisation, le Gouvernement accepte avec non moins de sagesse de n'accorder tous leurs droits aux communes qu'en respectant les intérêts supérieurs de l'unité nationale.

Ainsi, on le reconnaît de toutes parts, l'Etat doit être pour les communes le suprême arbitre dans les questions d'hygiène et de police sanitaire. Mais il ne peut agir efficacement dans ce sens qu'en ayant à sa disposition des agents sanitaires spéciaux. S'il trouve par exemple des communes récalcitrantes à l'exécution de la Loi Leconte, il n'arrivera à triompher de leurs résistances qu'à l'aide d'un service vétérinaire gouvernemental puissamment organisé. C'est grâce à une création de ce genre que l'inspection des viandes rendue légalement obligatoire s'exerce à peu près partout en Belgique, soit qu'elle ait été instituée spontanément par les municipalités, soit qu'elle ait été installée d'office par le gouvernement passant par dessus le mauvais vouloir ou l'inertie d'un grand nombre d'administrations communales. Aussi doit-on regretter que la commission du budget de 1895 ait rejeté la proposition de M. le député Audiffred, relative à la création au Ministère de l'Agriculture d'un service vétérinaire central, destiné à assurer l'exécution des mesures prescrites par les lois et règlements sur la police sanitaire des animaux. A la session d'août 1894 du Conseil général de la Loire, M. Audiffred avait fait approuver ses vues à ce sujet après avoir employé pour leur défense une argumentation irréfutable. Il trouvait regrettable que chaque service départemental des épizooties fût laissé libre d'agir à sa guise ou de ne rien faire du tout, et d'infecter les départements voisins par la circulation des contagions qu'il laisse développer sur son territoire. Il trouvait inexplicable qu'en France, pays de centralisation, il n'y eût pas une direction centrale des services sanitaires vétérinaires comme en Angleterre, pays de décentralisation, et en Suisse, pays de fédération (6).

IX

Beaucoup de personnes, même des mieux intentionnées, se font un monstre de la création générale d'une inspection rurale des viandes alimentaires. Elles prévoient, sans aucun fondement, des dépenses gigantesques pour l'entretien de ce service et elles se demandent anxieusement si l'on arrivera jamais à recruter l'armée d'agents sanitaires, propres à inspecter toutes les viandes destinées à la consommation des petites localités. La Belgique est bien arrivée à ce résultat — avec quelques desiderata, il est vrai; rien n'empêche la France d'imiter cette nation, c'est à dire d'assurer à peu de frais, sur tout son territoire, l'examen de tous les animaux livrés à l'alimentation de l'homme. Mais pour cela il ne faut point exiger, comme certains le voudraient, que tous ces animaux sans exception subissent une inspection vétérinaire. L'organisation la plus convenable d'un pareil service me paraît être la suivante, préconisée par MM. H. Bouley et Nocard au Congrès international d'hygiène de 1878 : Le territoire du pays serait divisé en circonscriptions sanitaires correspondant le plus souvent à un canton. Chaque circonscription comprendrait un vétérinaire-inspecteur cantonal, auquel seraient adjoint des surveillants-inspecteurs communaux, c'est-à-dire des praticiens non vétérinaires opérant sous son contrôle et d'après ses instructions. Ces agents secondaires visiteraient, dans chaque commune, les animaux de boucherie vivants, puis abattus et ils n'estampilleraient que ceux se trouvant dans des conditions absolument normales avant et après l'abatage; dans tous les autres cas, ils en référeraient à l'inspecteur-vétérinaire qui prendrait les décisions nécessaires. Celui-ci, par de fréquentes visites faites inopinément dans les débits de viandes et les tueries publiques ou particulières, s'assurerait si les surveillants communaux s'acquittent convenablement de leur mission (1). Il faut, ayant

(1) Dans la Marne, le Préfet a tenté dans ce sens un essai très louable, en réglementant le service des abattoirs publics, des tueries particulières et des clos d'équarrissage par un arrêté spécial du 27 novembre 1891. Il est arrivé, souvent après de nombreuses difficultés, à faire inspecter un certain nombre de tueries particulières; il aurait certainement obtenu de meilleurs résultats, s'il avait été suffisamment armé par la législation sanitaire, bien insuffisante

tout et en dehors des conditions de capacité, que les agents secondaires des services d'inspection des viandes soient des hommes honorables, jouissant de la considération publique, inaccessibles aux prières comme aux menaces ou aux présents des bouchers. Ils se montreront incorruptibles autant que les dieux dont parle Perse dans sa satire *La Prière*, ces dieux dont les malhonnêtes gens cherchent vainement à acheter la connivence en leur donnant les entrailles et le poumon des jeunes vaches sacrifiées à leur honneur, en leur offrant de grasses lippées et de succulents hachis. Ainsi organisée, l'inspection rurale pourrait porter sur tous les animaux et s'effectuer sans retard. Si elle était exclusivement vétérinaire, elle n'aurait lieu en beaucoup de communes que de temps à autre. Je connais suffisamment les inconvénients d'une inspection intermittente, même inopinée, et je ne la recommande pas. Néanmoins, dans les localités où l'inspection des viandes pourra être entièrement vétérinaire, je n'hésite pas à lui donner la préférence, comme étant plus à même de sauvegarder l'hygiène publique.

La généralisation de l'inspection des viandes dans les campagnes est très désirable : Elle fera profiter les populations rurales des bienfaits de la police alimentaire, dont les habitants des grands centres ont eu jusqu'ici la jouissance presque exclusive. Elle complètera celle-ci par la suppression non-seulement de la *viande à soldat*, mais encore de ce que Véline a appelé la *viande à ouvrier*, c'est-à-dire d'un équivalent alimentaire des pires livraisons de l'ordinaire. La garantie de salubrité existera aussi bien pour les viandes consommées sur place que pour celles expédiées en dehors du lieu d'origine. Elle permettra aux agriculteurs de connaître la valeur réelle des animaux, qu'ils font abattre par nécessité, et de ne plus les livrer à vil prix à des intermédiaires trop disposés à les déprécier, en faisant valoir des risques bien souvent exagérés lorsqu'ils ne sont pas imaginaires. Si ces animaux abattus sont envoyés à la Criée à Paris ou aux Halles d'autres grands centres, les expéditeurs ne craindront plus de les voir saisir pour cause de maladie; ils s'épargneront ainsi des frais d'envoi, aussi inutiles qu'onéreux, et ils ne se mettront pas dans le cas d'être poursuivis devant les tri-

jusqu'ici. Les 13 cas de tuberculose généralisée constatés en 1894 dans les quelques tueries particulières surveillées de la Marne, dit M. Guibert, rendent évidente la nécessité de l'inspection de tous ces établissements, nécessité démontrée depuis longtemps il est vrai (r).

bunaux correctionnels, pour infraction à la loi du 27 mars 1851 où à la loi sur la police sanitaire des animaux. Les pièces détachées seront reçues dans les villes qui n'admettent, en dehors des bêtes complètes avec poumons adhérents, que les envois partiels de viandes foraines accompagnées d'un certificat indiquant que les animaux ont été visités par un vétérinaire avant et après l'abatage. En outre, les villes n'auront plus à compter avec les introductions clandestines de viandes rurales malsaines ni avec les difficultés de l'inspection de ces viandes. Enfin, avec toutes les tueries surveillées, les animaux dérobés dans les campagnes et sacrifiés pour la boucherie ne disparaîtront plus aussi facilement sans laisser la trace des voleurs.

Ces heureux résultats ne seront assurés que si l'État veille à ce que la Loi Leconte ne devienne pas une loi platonique. Ils ne peuvent être obtenus qu'avec l'adoption de l'organisation locale préconisée par MM. H Bouley et Nocard, puis par l'institution du service central de contrôle réclamé par la Société des Agriculteurs de France et par M. le député Audiffred. Ce contrôle est indispensable, non-seulement pour généraliser et uniformiser les mesures sanitaires, mais aussi pour appuyer les agents chargés de les appliquer, et ce ne sera pas ici la moins importante de ses attributions. En effet, les inspecteurs des viandes se trouveront fréquemment en présence d'influences dissolvantes et ils auront à lutter contre des coalitions tenaces autant que puissantes d'intérêts privés, opposés à l'accomplissement de leur difficile mission. On ne saurait trop, à ce sujet, méditer cette partie d'un discours prononcé le 27 janvier 1895, par M. Brouwier, vétérinaire-inspecteur de l'abattoir de Liège et membre de la Chambre des Représentants de Belgique : *« Nos fonctions d'inspecteur de boucherie nous conduisent fatalement à des froissements continuels d'intérêts particuliers qui se traduisent, vous ne le savez que trop, en plaintes et en récriminations contre nous. Autant d'animaux refusés, autant d'ennemis personnels souvent très influents dont les griefs, quoique ne pouvant se justifier en aucune façon et trop souvent accueillis sans examen, se dresseront bientôt en acte d'accusation si les pouvoirs publics ne nous accordent pas la protection naturelle à laquelle peuvent prétendre tous les fonctionnaires »* (11).

Ce n'est pas trop demander, je crois, qu'en matière de substances alimentaires l'hygiène ait le dernier mot et l'emporte sur le mercantilisme. Aussi ai-je le ferme espoir que les pouvoirs publics n'abandonneront pas une si bonne cause et qu'ils provoqueront son triomphe définitif en complétant comme il convient la Loi Leconte.

APPENDICE

En modifiant à la deuxième délibération un article essentiel de la proposition de loi Leconte, le Sénat vient de décider que *l'inspection sanitaire des abattoirs et des tueries serait facultative au lieu d'être obligatoire*. Ce changement est regrettable à plusieurs points de vue. Il enlève à la future loi un de ses principaux avantages, l'établissement assuré de l'inspection dans les petites localités ; il fait de l'hygiène, qu'il proclame facultative, un objet de fantaisie ou d'agrément dont on peut se passer ; il porte un coup funeste à des dispositions légales et à des prescriptions gouvernementales, dont l'incontestable utilité est depuis longtemps démontrée et éprouvée. Ce dernier point est l'un des plus inquiétants, car la modification subie par la proposition Leconte ne tend rien moins qu'à affaiblir la police sanitaire des animaux et des viandes alimentaires. Elle vient, du même coup, abroger une partie de l'article 97 de la loi du 5 avril 1884 sur l'organisation municipale et l'article 90 du Règlement d'administration publique du 22 juin 1882 pour l'exécution de la loi sanitaire du 21 juillet 1881. Elle entravera fatalement l'exécution de ladite loi ainsi que celle du décret et des arrêtés ministériels destinés à en compléter l'action ; elle annihilera une partie des effets de la loi du 27 mars 1851. A-t-on songé à tout cela, en rendant facultative l'inspection des abattoirs et des tueries particulières qui jusqu'ici était obligatoire ? A-t-on pensé aux vœux, je ne dirai pas des Sociétés médicales ou vétérinaires, mais des Conseils généraux, des Conseils d'arrondissement, des Chambres consultatives d'Agriculture et des Sociétés Agricoles qui demandent cette inspection ? A-t-on réfléchi que d'autres Conseils généraux, d'autres Conseils d'arrondissement, d'autres Chambres consultatives d'Agriculture et d'autres Sociétés Agricoles sont disposés à émettre des vœux semblables ?

Il est encore temps de remédier à la transformation de la proposition de loi sur les abattoirs et les tueries. La Chambre des députés peut s'en charger, lorsqu'elle sera appelée à revoir cette proposition modifiée par le Sénat. C'est en elle qu'ont mis leur espoir tous ceux qui veulent que les habitants des campagnes reçoivent des viandes saines comme ceux des villes, tous ceux qui réclament la disparition de la *viande à soldat*, tous ceux qui désirent que les contagions cessent de ravager indéfiniment nos étables, nos bergeries, nos porcheries et nos écuries. Il est à souhaiter, pour les agriculteurs aussi bien que pour les consommateurs de viande, que cette attente ne soit point déçue.

La modification de la proposition de loi Lecomte serait sans importance, si toutes les municipalités comprenaient et remplissaient leurs devoirs en matière d'hygiène. Malheureusement la plupart des communes rurales n'ont pas pour l'inspection des viandes la sollicitude dont étaient animées, au moyen âge, les petites communes françaises en général, notamment celles de la Bresse, du Dauphiné, de la Savoie, du Languedoc, de la Gascogne (1). Anciennement le service de la salubrité des viandes, vendues par les bouchers et charcutiers, était l'objet d'un chapitre important des constitutions municipales des bourgs et même des villages. Ce qui se pratiquait, il y a six siècles, peut encore se faire aujourd'hui et cela est utile au moins autant qu'autrefois, car de nos jours le nombre des ruraux marchands de charognes est véritablement effrayant. Ainsi un empoisonneur rural de l'Aube, équarrisseur à deux fins, a été le 27 mars dernier condamné correctionnellement à Paris à 4 mois de prison et 500 francs d'amende, pour avoir expédié de la viande tuberculeuse aux Halles centrales de la capitale. Un autre mercantier campagnard, travaillant dans les mêmes parages que le précédent, sera prochainement appelé devant une des chambres correctionnelles parisiennes pour rendre compte d'un envoi de viande malade à la criée des Halles à Paris. Je puis encore citer cet vieux paysan du Vernoy, le nommé F..., que le tribunal correctionnel de Montbéliard a dernièrement

(1) Ch. Morot. *a.* De la Réglementation du commerce des viandes de boucherie du XIIe au XVe siècle dans plusieurs localités faisant actuellement partie de la France, d'après des documents anciens, notamment des chartes de coutumes et de privilèges. (*Bulletin de la Société centrale de Médecine Vétérinaire*, numéro du 30 septembre 1890, p. 485 et s. — *b.* La Boucherie d'autrefois, d'après les anciennes coutumes et chartes communales. (*Presse Vétérinaire*, 1891, *passim.*)

condamné, pour le fait suivant, à 1 mois de prison, 50 francs
d'amende et aux dépens — avec application de la loi Bérenger, en raison de son âge, 72 ans (1). Cet agreste et cupide
vieillard avait fait habiller, par un garçon boucher, une vache
crevée à l'étable après quelques jours de maladie, et l'avait
ensuite vendue cent francs au boucher B... de Chalonvillars,
disant l'avoir fait abattre à la suite d'une indisposition. Le
boucher B... fit enfouir la bête, lorsqu'après l'avoir emportée
dans son étal, il eut la main et le bras droits enflés à la suite
d'une piqûre d'os de cette viande corrompue. Il ne dut son
salut qu'à des soins immédiats. Un chien et plusieurs chats
furent moins heureux ; ils moururent après avoir mangé
des détritus de la vache.

Malheureusement tous les empoisonneurs de ce genre ne
sont pas cloués au pilori, soit que la presse ignore les méfaits
de certains d'entre eux, soit qu'elle omette de mentionner
leurs condamnations. Aussi est-il urgent qu'on retire à tous
les détenteurs ruraux de viandes insalubres la faculté d'in-
toxiquer les habitants des villes et des campagnes.

(1) LARMET. Les marchands de charognes et la Loi sur les abattoirs
et les tueries particulières. (*Écho des Sociétés et Associations Vétérinaires de France*, 15 mars 1895, p. 108).

INDEX BIBLIOGRAPHIQUE

(A) E. THIERRY: *De l'Inspection sanitaire des viandes de boucherie*;
Auxerre, 1894.

(B) *Compte rendu des séances du 2ᵉ Congrès de la Boucherie française*, tenu à Paris du 22 au 26 octobre 1894, p. 25, 74 et 75, 90 et 91,
141, 262.

(c) *Semaine vétérinaire*, 1894, p. 153 et s. ; p. 331 et s. ; p. 572 et s.

(D) *Bulletin de la Société Centrale de Médecine Vétérinaire*. (a) Année 1883, p. 72, 156, 210, 220 et 388. — (b) Année 1884, p. 116. — (c)
Année 1885, p. 156.

(E) *Journal de Médecine Vétérinaire et de Zootechnie*, Lyon. *(a)* Année 1894, p. 389. Dr GERLIER. Le Charbon dans un village du pays de Gex ; *(b)* année 1895, p. 23. FLAHAUT. Aliments composés donnés au bétail du Poitou.

(F) GUIBERT. *Rapport sur le service sanitaire vétérinaire du département de la Marne*, année 1893 ; année 1894.

(G) LABULLY. *Rapport sur le service des épizooties dans le département de la Loire en 1893*, p. 24 et 47.

(H) *Echo Vétérinaire de Liège*, mai 1889, p. 95 ; juin 1889, p. 134 ; février 1895, p. 450.

(I) Dr BEUGNIES-CORBEAU. Archéologie médicale de l'Egypte et de la Judée. Police des viandes alimentaires. Médecine et Hygiène, 1891-1892. *(Extrait de la Gazette Médicale de Liège*, 1er fasc., p. 10, 11, 37 et 2° fasc.)

(J) *Nouveau Dictionnaire pratique de Médecine, de Chirurgie et d'Hygiène Vétérinaires*, Paris, t. III, 1857, p. 465. Art. *Charbon*, par RENAULT et REYNAL. — T. XXI, 1892, p. 413. Art. *Tuberculose*, par NOCARD.

(K) CH. MOROT (Articles divers) : I. *Congrès de la Tuberculose. (a)* 2° *Session 1891*, p. 309 et s. Nécessité d'une réorganisation de la police sanitaire de la boucherie. *(b)* 3° *Session 1893*, p. 221 et s. Utilité de la généralisation de l'inspection des viandes de boucherie en France. — II. *Bulletin de la Société Vétérinaire de l'Aube*, 1er trimestre 1892, p. 7 et s. De la nécessité d'un Règlement d'administration publique sur la surveillance hygiénique des différents aliments d'origine animale et sur l'inspection sanitaire des divers établissements servant à la préparation, au dépôt et à la vente de ces substances. (Discussion par HENRIOT, REIBEL et NALLET, p. 34 à 36) — III. *Revue d'Hygiène et de Police sanitaire*, 20 juillet 1892, p. 559 et s. De l'inspection sanitaire des viandes. — IV. *Annales d'Hygiène publique et de Médecine légale*, février 1893, p. 118 et s. La viande, son inspection et ses inspecteurs. — V. *Journal d'Hygiène*, n° 914, 29 mars 1894, p. 147 et s. Le saucisson devant l'hygiène. — VI. *Gaceta de Medicina Veterinaria de Madrid*, 15 de abril de 1894, n° 16, p. 212 et s. De la inspección de carnes. Utilidad de generalizarla y regirla con igualdad en cada pais. Necesidad de su uniformidad internacional en determinados sitios.

(L) *Bulletin de la Société de Médecine Vétérinaire pratique*. Séance du 11 avril 1894, p. 79 et s. — *(a)* TEYSSANDIER. Etude d'une proposition de loi ayant pour but de compléter le règlement des abattoirs publics et de faciliter la création de nouveaux abattoirs. — *(b)* GODBILLE. Additions à faire au projet de loi concernant le règlement des abattoirs publics. — *(c)* Discussion sur les abattoirs publics, par TEYSSANDIER, GODBILLE, ROSSIGNOL, SIMON, GARNIER, BOURRIER, VILLAIN, CRYÉ, CONSTANT, TRIDON, BUTEL et LAVERAN.

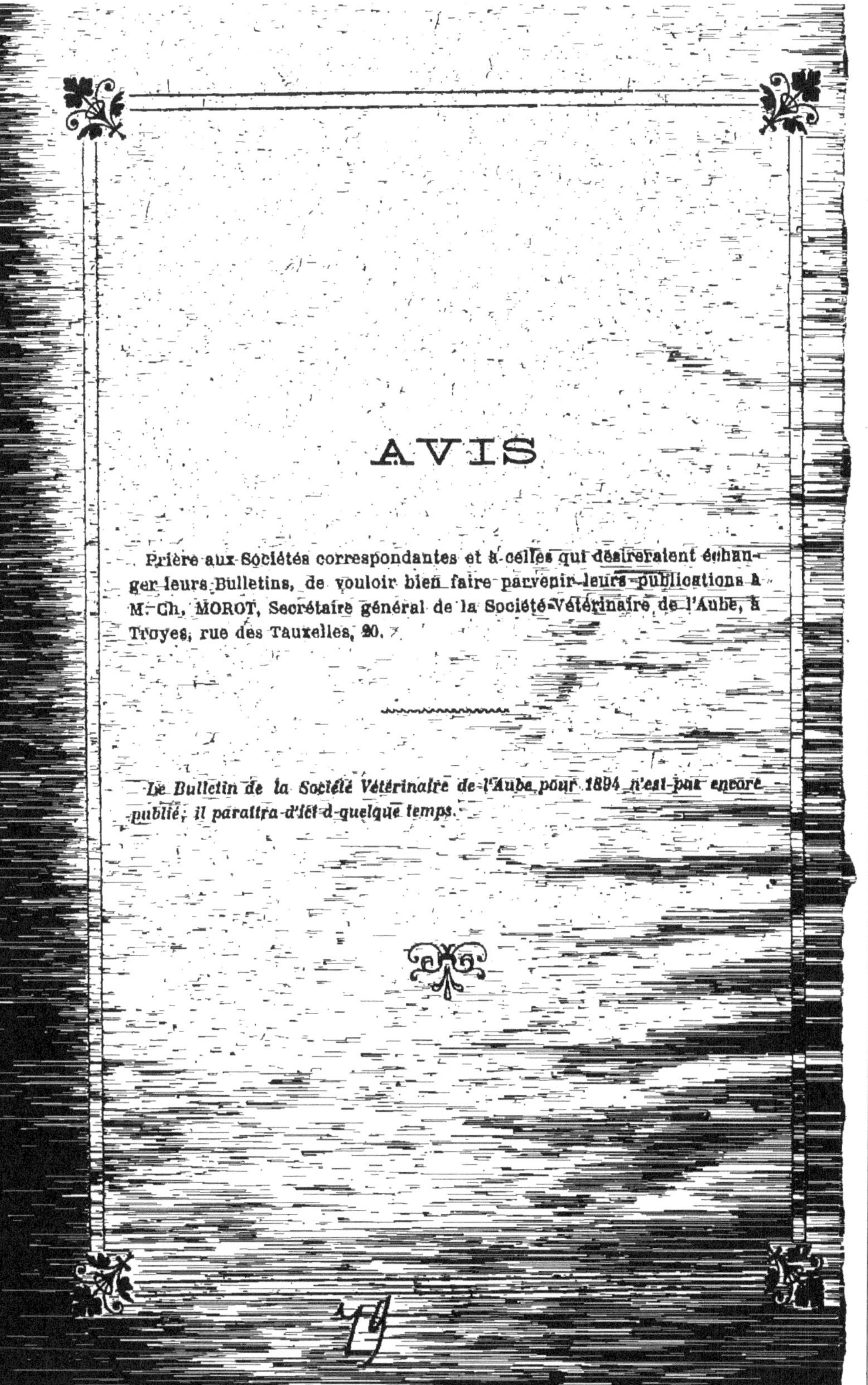

AVIS

Prière aux Sociétés correspondantes et à celles qui désireraient échanger leurs Bulletins, de vouloir bien faire parvenir leurs publications à M. Ch. MOROT, Secrétaire général de la Société Vétérinaire de l'Aube, à Troyes, rue des Tauxelles, 20.

Le Bulletin de la Société Vétérinaire de l'Aube pour 1894 n'est pas encore publié; il paraîtra d'ici à quelque temps.